AF312132

COURS

DE

DESSIN LINÉAIRE

A L'USAGE DES ÉCOLES PRIMAIRES,

DES OUVRIERS DES VILLES ET DES CAMPAGNES.

PRÉCÉDÉ DE LA

GÉOMÉTRIE PRATIQUE

DE SÉBASTIEN LE CLERC,

revue et augmentée

PAR

DEMBOUR, GRAVEUR,

MEMBRE DE L'ACADÉMIE ROYALE DE METZ, ET DE LA SOCIÉTÉ D'ENCOURAGEMENT POUR LES LETTRES ET LES BEAUX-ARTS, DE PARIS;

ACCOMPAGNÉ D'UN ATLAS DE 40 PLANCHES IN-4°,

IMPRIMÉ SUR BEAU PAPIER VÉLIN.

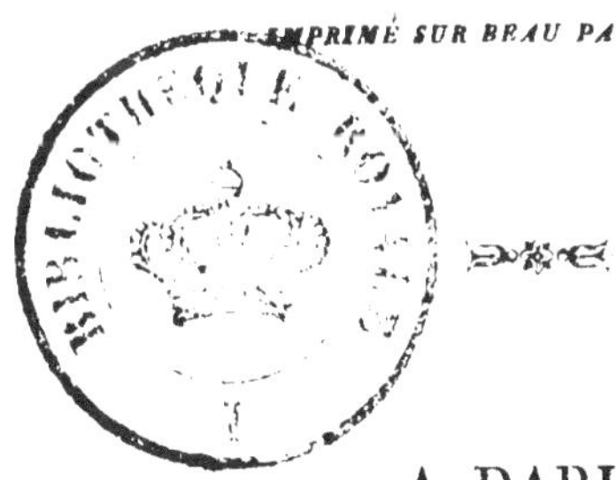

A PARIS,

CHEZ AUG. DELALAIN, RUE DES MATHURINS-ST-JACQUES.

A LUNÉVILLE,

CHEZ CREUSAT, LIBRAIRE-ÉDITEUR,

1835.

EN VENTE AUX MÊMES LIBRAIRIES.

OUVRAGES DU MÊME AUTEUR.

ÉCRITURES VARIÉES pour faciliter aux élèves la lecture
des manuscrits, à l'usage des écoles primaires.

MAXIMES DE MORALE ET SENTENCES, mises en mo-
dèles d'écritures diverses, pour servir aux écoles primaires,
à l'instruction de la jeuuesse.

METZ, IMPRIMERIE DE S. LAMORT.

SÉBASTIEN LE CLERC,

GRAVEUR ET GÉOMÈTRE,

Né à Metz, le 26 septembre 1637.

NOTICE

SÉBASTIEN LE CLERC.

Sébastien, géomètre et graveur célèbre, naquit à Metz, le 26 septembre 1637. Son père, Laurent Le Clerc, orfèvre et dessinateur habile, développa de bonne heure les heureuses dispositions et le génie précoce du jeune Sébastien qui, toujours occupé de dessins, employait tous ses momens de loisir à former, avec la plume, divers petits portraits. Il commença ses études à St-Arnould. Dom Pierre Des Crochets, prieur de la maison, homme instruit et bienfaisant, le trouvant un jour occupé de ses dessins, fut surpris de leur exactitude et présagea le brillant avenir de Sébastien Le Clerc. Il le confia dès-lors à un religieux qui l'instruisit dans les lettres, en même temps qu'il perfectionnait chez lui l'art du dessin.

Sébastien Le Clerc ayant pour la première fois manié le burin, et gravé comme en cachette une peùte planche, courut, ivre de joie, chez Claude Bouchard, libraire et imprimeur en taille-douce, de Metz, pour faire tirer son œuvre. Bouchard, qui l'affectionnait beaucoup, lui fit observer qu'il avait eu tort de graver de gauche à droite, et l'enfant fut très-surpris quand il vit sur la première épreuve l'objet représenté à rebours. Dès-lors Sébastien ne tarda pas à produire des chefs-d'œuvre.

Le Clerc ayant senti de bonne heure combien les études du dessin géométrique pouvaient lui devenir avantageuses, s'y appliqua avec ardeur, et devint fort habile dans la Perspective ; aussi ses compositions acquirent, dès ce moment, une étendue et une profondeur remarquables.

Sébastien Le Clerc fit à Metz plusieurs ouvrages importans. Nommé ingénieur géographe du maréchàl de la Ferté, en 1660, il fut employé à lever les plans des principales forteresses du pays messin et du verdunois.

Notre artiste ayant appris qu'on avait fait passer sous le nom d'un autre, le plan de Marsal qu'il avait fait avec beaucoup de soin, quitta son emploi près du maréchal de la Ferté, et vint à Paris, en 1663, solliciter une place dans le corps du génie. Il y fit connaissance avec Le Brun, peintre d'histoire, qui lui donna un logement aux Gobelins, avec une pension de 1 800 livres, et le fixa définitivement dans la capitale. En 1672, l'Académie royale de peinture le reçut au nombre de ses membres. Le pape Clément XI le fit, quelque temps après, chevalier romain, et il fut nommé professeur de Géométrie

et de Perspective, avec une pension de 3ooo livres ;
emploi qu'il exerça pendant trente ans, avec un
grand succès.

S'étant marié, ses appointemens ne lui suffirent
bientôt plus pour entretenir sa nombreuse famille.
Il prit le parti de renoncer à la pension de 1 800 liv.
que lui faisait le roi, afin d'être libre de travailler à
son choix et de céder à l'empressement des per-
sonnes qui désiraient posséder ce qui sortirait de
son burin. Cependant Louis XIV, appréciateur du
mérite de Sébastien Le Clerc, lui laissa 4oo livres
de pension, le nomma graveur de son cabinet et
professeur à l'école des Gobelins. A dater de cette
époque, les travaux de cet artiste célèbre se succé-
dèrent avec une incroyable activité. Le grand âge
auquel parvint Sébastien Le Clerc, ne détruisit en
rien l'activité de son génie ; il grava jusqu'à l'âge
de 77 ans ; il succomba après six mois de maladie.
On porte à près de quatre mille le nombre des
planches qu'il grava. Plus de six mille dessins sortirent
de son génie fécond et de son crayon habile (1).

Parmi les diverses productions qu'a laissées cet
homme illustre, on a toujours remarqué son petit
traité de *Géométrie pratique*. L'auteur, fidèle à ce

(1) Nous avons emprunté à la Biographie de la Moselle de
M. Bégin, la partie historique qui concerne S. Le Clerc.

titre, se met à la portée des conceptions les plus communes, et écarte soigneusement toute expression qui demanderait un trop grand effort d'esprit pour être entendue ; chez lui, tout est simple et clair : point de définition trop abstraite ; point de démonstration rigoureuse ; en un mot, point d'appareil de science. Il se contente de placer sous les yeux de son élève, la chose qu'il veut faire passer dans son intelligence : aussi, le jeune enfant, l'artisan, l'homme de la campagne se livrant, avec une timidité inquiète, à une étude qu'ils croyaient au-dessus de leurs forces, sont-ils tout surpris de la facilité avec laquelle ils se trouvent initiés, pour ainsi dire à leur insu, à des secrets qu'ils regardaient jusqu'alors comme réservés uniquement à des intelligences d'un ordre supérieur. Un problème, quelque compliqué qu'il paraisse d'abord, est résolu à l'instant même ; l'élève en a saisi tous les détails ; l'ensemble ne lui présente aucune obscurité ; il en fait aisément l'application.

Telle doit être la marche des notions élémentaires qui entrent pour la première fois dans l'esprit humain. Telle fut sans doute celle que suivit Sébastien Le Clerc qui, dans cette science, fut son propre maître. En effet, c'est la marche tracée par la nature : bientôt l'homme, excité par son active et insatiable curiosité, cherche à se rendre compte de ses premiers essais ; il veut connaître les causes, en déduire logiquement toutes les conséquences, en apprécier tous les résultats ; enfin il veut descendre dans toutes les profondeurs de la science. Mais c'est ce qui

n'appartient qu'à quelques êtres privilégiés qui trou-
veront, dans une foule d'ouvrages (1), d'excellens
guides pour les conduire dans cette nouvelle carrière
dont ils sont appelés peut - être à reculer encore
les bornes.

Ce petit traité aura du moins l'immense avantage
de leur en ouvrir l'entrée, en aplanissant les diffi-
cultés qui trop souvent rebutent et éloignent pour
toujours des sujets même capables.

Nous ne nous étendrons point à faire ressortir le
mérite de cet ouvrage élémentaire. Les nombreuses
éditions qui en ont été publiées à différentes épo-
ques, la traduction qui en a été faite dans les différens idiômes de l'Europe, et notamment dans la
langue des savans, c'est-à-dire en latin, sont autant
de titres incontestables de l'intérêt qu'il doit offrir
aux élèves, aux artistes et aux ouvriers qui pourront
y trouver, pour leur profession, de fréquentes ap-
plications.

Cet ouvrage, renfermant tous les tracés des figures
géométriques qu'a données Sébastien Le Clerc, se
termine par les définitions des corps solides ; il forme
ainsi le complément indispensable des études pré-
liminaires du dessin linéaire.

Ce nouveau cours que nous offrons à de jeunes
intelligences, ainsi qu'à la classe laborieuse et nom-

___

(1) Parmi ces ouvrages, nous citerons particulièrement les
Géométries de MM. Bergery, Legendre et Vincent.

breuse des ouvriers, comprendra des tracés d'architecture, de mécanique, de menuiserie, de serrurerie, d'outils et d'instrumens divers. Ce choix, qui forme une collection de 40 feuilles d'étude, graduées, est destiné à conduire les élèves, par une progression insensible, à développer un talent qui n'a souvent besoin que d'un sentier légèrement frayé, pour marcher ensuite d'un pas ferme et hardi dans le chemin de la science.

DIVISION DE L'OUVRAGE.

Nombre de planches.

1re PARTIE. **GÉOMÉTRIE**	8
2me PARTIE. **ARCHITECTURE**	8
Menuiserie, Charpente, Charronnage.	8
Serrurerie	3
3me PARTIE. **MÉCANIQUE**	3
4me PARTIE. **ORNEMENS**	10
	40

GÉOMÉTRIE PRATIQUE.

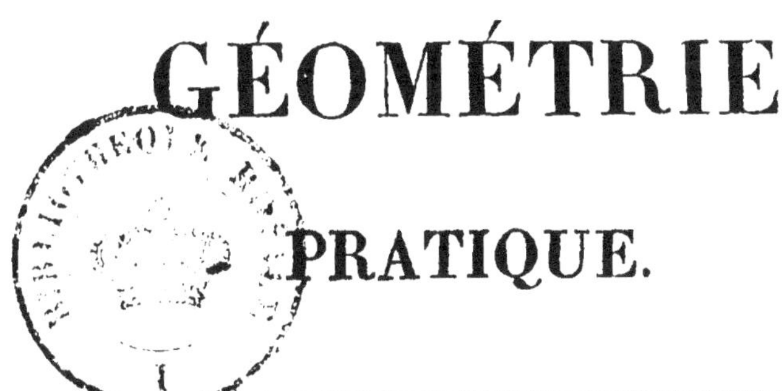

DE LA GÉOMÉTRIE ET DE SON ORIGINE.

Le mot Géométrie est formé de deux mots grecs qui signifient *terre* et *mesure :* cette étymologie semble indiquer ce qui a donné naissance à la Géométrie. Imparfaite et obscure dans son origine, comme toutes les autres sciences, elle a commencé par une espèce de tâtonnement, par des mesures et par des opérations grossières : peu à peu elle s'est élevée à ce degré d'exactitude et de sublimité où nous la voyons aujourd'hui. Il y a apparence que la Géométrie, comme la plupart des autres sciences, est née en Égypte, pays qui paraît avoir été le berceau des connaissances humaines.

Selon Hérodote et Strabon, les Égyptiens, ne pouvant reconnaître les bornes de leurs héritages, confondues par les inondations du Nil, inventèrent l'art de mesurer et de diviser les terres par la forme de la figure qu'elles avaient, et de la surface qu'elles pouvaient contenir : telle fut, dit-on, la première aurore de la Géométrie. Joseph l'historien en attribue l'invention aux Hébreux ; d'autres à Mercure. Que ces faits soient vrais ou faux, il paraît certain que quand les hommes ont commencé à posséder des terres et à vivre sous des lois différentes, ils n'ont pas été long-temps sans faire sur le terrain quelques opérations pour le mesurer, tant en longueur qu'en surface, en entier ou par parties : et voilà la Géométrie dans son origine.

DÉFINITION DU POINT.

Le *point* est ce qui n'a aucune partie.

Par cette définition, il est aisé de concevoir que le point n'a ni longueur, ni largeur ni profondeur ; qu'il n'est pas même sensible, mais seulement intellectuel, puisque rien ne tombe sous les sens qui n'ait de quantité, et qu'il n'y a nulle quantité sans partie. Néanmoins, comme l'on ne peut faire d'opération que par l'entremise des choses physiques, le point mathématique est représenté de cette manière.

FIGURE 1. — Le point ne doit avoir aucune grandeur géométrique divisible à nos sens. Il se fait d'un seul coup d'aiguille ou de pointe de compas, comme le point A.

2. — Le point de *centre* est un point duquel on décrit un cercle ; B.

3. — Le point d'*intersection* est un point où des lignes s'entrecoupent ; C.

DE LA LIGNE.

La *ligne* est une longueur sans largeur.

La ligne n'est autre chose que le passage que fait le point d'un lieu à un autre. Elle serait imperceptible, si on ne la décrivait avec le point physique, lequel par son glissement nous représente la ligne AB. (Voyez la figure 4.)

Il y a trois sortes de lignes : la DROITE, la COURBE, et la MIXTE.

4. — La ligne *droite* est celle qui va d'un point à un autre, sans aucun détour ; AB.

5, 6. — La ligne *courbe* est celle qui pour aller d'un point à un autre, fait un ou plusieurs détours : AB, CD.

7. — Lorsque les détours sont formés par des lignes droites, la ligne prend le nom de *ligne brisée*; FG.

8. — La ligne *mixte* est celle qui est droite et courbe ; III.

La ligne se distingue en FINIE, en INFINIE et en OCULTE.

9. — La ligne *finie* est une ligne terminée qui contient ou suppose une longueur connue ; AA.

L'*infinie* est une ligne indéterminée qui n'a aucune longueur précise connue ; BB.

L'*oculte* ou *blanche* qui est marquée par de petits points s'appelle *ligne ponctuée ;* CC. Elle s'emploie ordinairement pour la construction des figures.

Enfin, la ligne reçoit encore diverses dénominations selon ses différentes positions.

10. — *Perpendiculaire* est une ligne droite qui tombe ou qui s'élève sur une autre, en faisant de part et d'autre des angles égaux entre eux ; AB.

11. — Ligne *à-plomb* ou *verticale* est celle qui va de haut en bas sans incliner ni à droite ni à gauche : elle passerait par le centre du monde si elle était prolongée à l'infini ; CC.

12. — Ligne *horizontale* ou *de niveau* est celle qui est perpendiculaire à la ligne à-plomb ; DD.

13. — Lignes *parallèles* sont celles qui restent toujours à la même distance quelque loin qu'on les prolonge ; H.

14. — La ligne *oblique* n'est ni horizontale ni à-plomb, mais de biais ; KK.

15. — *Côtés* sont les lignes qui enferment une figure ; AB, BC, CD, DA. — *Base* est la ligne sur laquelle repose la figure ; AB.

16. — *Diagonale* est une ligne droite qui traverse une figure et qui aboutit à deux angles opposés ; AB, CD.

17. — *Diamètre* est une ligne droite qui traverse une figure circulaire en passant par son centre et qui se termine à la circonférence ; AB. — La partie du diamètre comprise entre le centre et la courbe est appelée *rayon*.

18. — Ligne *spirale* est une courbe qui part de son centre, et qui s'en éloigne à proportion qu'elle tourne à l'entour.

19. — *Arc* est une partie de circonférence ; CD.

20. — *Corde* est la ligne droite qui joint les extrémités d'un arc ; AB.

21, 22. — Ligne *tangente* est celle qui touche une figure sans la couper ; AB. — Ligne *sécante* est celle qui croise, qui coupe ou qui traverse une figure ; CB.

DES ANGLES.

L'*angle* est l'espace compris entre deux lignes qui se rencontrent. Le point de rencontre ou de *concours* est appelé *sommet*.

Lorsque le concours est fait par deux lignes droites, l'angle s'appelle *rectiligne ;* par deux lignes courbes, il se nomme *curviligne ;* mais quand le concours est fait par une ligne droite et par une courbe, l'angle s'appelle *mixtiligne* ou angle *composé*.

23. — BAD est un angle rectiligne.

24. — EFG est un angle curviligne.

25. — IKL sont des angles mixtilignes.

L'angle rectiligne selon qu'il est plus ou moins ouvert, reçoit des dénominations particulières, comme angle *droit*, angle *aigu*, angle *obtus*. Ainsi les termes de rectiligne, curviligne, mixtiligne, sont pour la qualité des lignes, et la dénomination des angles est pour la quantité d'espace compris entre les lignes.

23*. — L'angle est droit quand une des lignes est perpendiculaire sur l'autre ; DAB. — Il est aigu lorsqu'il est moins ouvert que l'angle droit ; BAC. — Il est obtus lorsqu'il est plus ouvert que l'angle droit ; DAC.

DE LA SUPERFICIE OU SURFACE.

La *superficie* est ce qui a longueur et largeur sans profondeur.

La superficie est une production de la ligne, comme la ligne est une production du point ; c'est une étendue bordée de lignes, qui n'a que de la longueur, de la largeur sans avoir de profondeur ni épaisseur ; on la nomme communément *surface*.

26. — Si la surface est relevée, on l'appelle *convexe ;* A.

27. — Si elle est creuse, elle se nomme *concave ;* B.

28. — Si elle est unie , on la nomme *plane ;* C.

29. — Une surface peut être convexe , concave et plane ; D.

Terme est l'extrémité de quelque chose : le point est le terme de la ligne , la ligne est le terme de la superficie , et la superficie est le terme du corps.

Les superficies prennent des noms particuliers, selon le nombre de côtés.

30. — *Triangle ,* figure de trois côtés.

31. — *Quadrilatère ,* figure de quatre côtés.

32. — *Pentagone ,* figure de cinq côtés.

33. — *Hexagone ,* figure de six côtés.

34. — *Eptagone ,* figure de sept côtés.

35. — *Octogone ,* figure de huit côtés.

36. — *Ennéagone ,* figure de neufs côtés.

37. — *Décagone ,* figure de dix côtés.

38. — *Undécagone*, figure de onze côtés.

39. — *Dodécagone*, figure de douze côtés.

DES TRIANGLES.

Les *triangles* se distinguent par la qualité de leurs angles, et par la disposition de leurs côtés.

40. — Triangle *rectangle* qui a un angle droit ; ABC.

41. — Triangle *ambligone* qui a un angle obtus ; ABC.

42. — Triangle *oxygone* qui a les trois angles aigus.

43. — Triangle *équilatéral* qui a les trois côtés égaux.

44. — Triangle *isocèle* qui a deux côtés égaux ; A, A.

45. — Triangle *scalène* qui a ses trois côtés iné-gaux.

DES QUADRILATÈRES.

46. — *Carré* est une figure de quatre côtés égaux. Tous ses angles sont droits.

47. — *Carré-long* ou *rectangle*, est une figure qui a les angles droits, mais dont les côtés non pa-rallèles sont inégaux.

48. — *Rombe* ou *losange* est un quadrilatère qui a ses quatre côtés égaux et obliques les uns sur les autres.

49. — *Romboïde* ou *parallélogramme*, qui a les angles et les côtés opposés égaux, sans être équiangle ni équilatéral.

50. — *Trapèze* qui a deux côtés opposés paral-lèles et inégaux (A, A) et dont les deux autres côtés sont égaux.

51. — *Trapèzoïde* qui a les côtés et les angles inégaux.

DES FIGURES COURBES.

52. — *Cercle* est une superficie parfaitement ronde, décrite d'un centre (A) duquel la circonférence s'éloigne également.

53. — *Ellipse* est une figure courbe décrite de plusieurs centres, et que tous les diamètres divisent en deux parties égales ; il y en a deux particuliers qui se coupent à angles droits : on les nomme *grand axe* AB, et *petit axe* CD.

54. — L'*Ove*, qui a la forme d'un œuf, est aussi décrite de plusieurs centres ; elle n'a qu'un seul diamètre qui la divise en deux parties égales ; AB.

55. — *Volute* est une figure ou superficie enfermée entre deux lignes spirales.

56. — Surface *cylindrique* est celle que donnerait une droite AB qui glisserait parallèlement à elle-même le long de deux circonférences parallèles et égales C, D.

57. — Figure *irrégulière ;* on la nomme ainsi parce qu'elle est enfermée dans plusieurs courbes dissemblables.

FIGURES COMPOSÉES.

58. — *Demi-cercle* est une figure composée du diamètre et de la moitié de la circonférence.

59. — *Portion de cercle* est une figure composée d'un arc de cercle et de la corde de cet arc.

60. — *Grande portion* de cercle est celle qui contient plus que la moitié du cercle ; ABC. — *Petite portion* de cercle est celle qui contient moins que la moitié du cercle ; ADC.

61. — *Secteur* est la figure comprise entre deux demi-diamètres ou *rayons* et une partie quelconque du cercle ; ABCD.

62. — *Figures concentriques* sont celles qui ont le même centre ; A.

63. — Figures *excentriques*, sont celles qui n'ont pas le même centre A , quoique l'une soit entièrement enfermée dans l'autre.

FIGURES RÉGULIÈRES ET IRRÉGULIÈRES.

64. — Figure *régulière* est celle qui a ses parties opposées semblables et égales.

65. — Figure *irrégulière* est celle qui est composée d'angles et de côtés inégaux.

66, 67. — Figures *semblables* sont celles dont toutes les lignes de l'une sont proportionnées à toutes les lignes de l'autre, quoique l'une soit plus grande ou plus petite que l'autre.

INSTRUMENS NÉCESSAIRES POUR LES TRACÉS DE LA GÉOMÉTRIE PRATIQUE.

Une *règle* et une *équerre*; un *compas* ayant les pointes de rechange , c'est-à-dire, un *porte-crayon* et un *tire-ligne* ; un *double décimètre de Kutsch.* Les crayons que l'on emploie, sont ceux dits de *mine-de-plomb*, ayant soin de ne pas les prendre trop durs ni trop mous. L'encre employée pour passer au trait est appelée *encre de Chine ;* elle se vend en bâtons , que l'on délaye , suivant son besoin , dans une *soucoupe* ou *godet*. Pour effacer les traits du crayon on emploie le *caout-chouc* ou *gomme élastique*. Ainsi, avec ce petit matériel qui coûte peu, l'on peut apprendre à tracer toutes les figures dont nous allons décrire les constructions ; figures qui seront le résultat des *problèmes* suivans.

PROBLÈMES.

POUR TIRER UNE LIGNE DROITE

68. — Appliquez la règle aux points A et B, et la plume ou le crayon en glissant auprès de la règle depuis le point A jusqu'au point B tracera la ligne cherchée.

POUR DÉCRIRE UN CERCLE

69. — Posez une des pointes du compas au point donné A; ouvrez l'autre jusqu'au point B; faites tourner le compas sur la pointe A en appuyant légèrement.

POUR FAIRE UNE SECTION

70. — Ouvrez le compas à volonté, de telle sorte que l'ouverture des pointes soit plus grande que la moitié de la distance qui est entre les deux points proposés E, F; de cette ouverture de compas et du point E décrivez l'arc AB; du point F décrivez l'arc CD; le point G sera la section cherchée.

71. — *Elever une perpendiculaire sur une droite donnée.*

AB est la ligne sur laquelle il faut élever une perpendiculaire.

PRATIQUE.

D'un point quelconque C décrivez à volonté le demi-cercle ADB; des points A et B, faites la section F et tracez la ligne CF.

72. — *Elever une perpendiculaire à l'extrémité d'une ligne.*

A est l'extrémité proposée de la ligne AB sur laquelle il faut élever une perpendiculaire.

PRATIQUE.

Du point C pris à volonté au-dessus de AB, et de l'intervalle CA, décrivez la portion de cercle EAD; par les points D et C tirez la ligne DE; en traçant AE vous aurez la ligne demandée. — Il faut toujours avoir soin de prendre le point C entre A et B.

73. — *Sur un angle donné, élever une ligne droite.*

BAC est l'angle sur lequel il faut élever la ligne.

PRATIQUE.

De l'angle donné A (1), décrivez à volonté l'arc EF; des points E, F faites la section D, et tirez la ligne demandée DA.

74. — *Abaisser une perpendiculaire sur une ligne droite donnée.*

AB est la ligne donnée.

PRATIQUE.

D'un point C décrivez à volonté un arc qui coupe AB aux points D, E; de ces points faites la section F, et tirez la ligne CF qui est celle demandée.

75. — *Par un point donné mener une ligne parallèle à une autre.*

A est le point par lequel il faut mener une parallèle à la ligne BC.

PRATIQUE.

Tirez à volonté la ligne oblique AG; du point

---

(1) Quelquefois un angle n'est indiqué que par la seule lettre de son sommet, et l'on dit l'angle A au lieu de dire l'angle BAC.

G décrivez l'arc AE ; du point E et de la même ouverture de compas, décrivez l'arc GD égal à l'arc AE, et en tirant AD vous aurez la parallèle demandée.

76. — *Couper une ligne droite donnée en deux parties égales.*

AB est la ligne qui doit être coupée en deux parties égales.

PRATIQUE.

De l'extrémité A décrivez à volonté l'arc CD, et sans changer l'ouverture du compas, de l'extrémité B, décrivez l'arc EF ; par les sections G, H, tirez la ligne GH qui coupera AB en deux parties égales au point O.

77. — *Diviser un angle rectiligne donné en deux parties égales.*

BAC est l'angle que l'on veut diviser en deux parties égales.

PRATIQUE.

De l'angle A décrivez à volonté l'arc DE ; des points D, E faites la section F ; tirez la ligne AF ; cette ligne divisera l'angle en deux parties parfaitement égales.

78. — *A l'extrémité d'une ligne droite, faire un angle rectiligne égal à un angle rectiligne proposé.*

A est l'extrémité de la ligne AB, à laquelle il faut faire un angle égal à l'angle rectiligne donné CDG.

PRATIQUE.

De l'angle D décrivez à volonté l'arc CG ; et sans changer l'ouverture du compas, de l'extrémité A décrivez l'arc HO, que vous ferez égal à l'arc CG ; tirez la ligne AO, et l'angle BAF sera égal à l'angle donné.

79. — *Diviser une ligne droite donnée, en autant de parties égales que l'on voudra.*

AB est la ligne que l'on veut diviser en parties égales ; six, par exemple.

PRATIQUE.

De l'extrémité A tirez à volonté la ligne AC ; de l'extrémité B tirez la ligne BD parallèle à AC ; des points A , B et sur les lignes AC , BD portez à volonté six parties égales, que vous numéroterez comme l'indique la figure ; et en joignant par des droites les points de même numéro, la ligne AB sera divisée également par les sections A, T, U, V, X, Y, B.

80. — *D'un point donné mener une ligne droite qui touche un cercle proposé.*

A est le point duquel il faut mener une ligne qui touche le cercle DOP.

PRATIQUE.

Joignez le point donné A au centre du cercle B ; divisez cette ligne AB en deux parties égales au point C ; de ce point et de la distance AC, décrivez le demi-cercle ADB coupant le cercle donné en D ; joignant les points A et D, la ligne AE sera la tangente demandée.

81. — *Mener une ligne droite qui touche un cercle en un point donné.*

ABC est le cercle donné qui doit être touché au point A.

PRATIQUE.

Du centre D, tirez la ligne DF passant par le point donné A ; par le point A et sur la ligne DF menez la perpendiculaire HI ; cette ligne tangente touchera le cercle au point donné.

82. — *Un cercle étant donné et une ligne droite qui le touche, trouver le point de contact.*

ABC est le cercle touché par la ligne droite DH.

PRATIQUE.

Du centre du cercle F abaissez la perpendiculaire FO sur la ligne tangente DH ; la section A sera le point de contact demandé.

83. — *Décrire une ligne spirale sur une droite donnée.*

IF est la droite donnée.

PRATIQUE.

Divisez la moitié BF de la ligne donnée en autant de parties égales que vous voulez avoir de révolutions. Si vous en voulez quatre, par exemple, divisez BF en quatre parties égales BC, CD, DE, EF ; coupez BC en deux parties égales au point A. Du point A comme centre, décrivez les demi-cercles CB, DO, EK, FG ; et du point B comme centre, décrivez les demi-cercles CO, DK, EG, FI ; la spirale sera terminée.

CONSTRUCTION DES FIGURES PLANES.

84. — *Construire un triangle équilatéral sur une ligne droite donnée et déterminée.*

AB est la droite donnée.

PRATIQUE.

De l'extrémité A et de l'intervalle AB, décrivez l'arc BD ; de l'extrémité B et de l'intervalle BA, décrivez l'arc AE ; de la section C, tirez les lignes CA, CB, et le triangle équilatéral sera terminé.

85. — *Faire un triangle dont les côtés soient égaux à trois lignes données.*

A, B, C sont les lignes données.

PRATIQUE.

Tirez la ligne droite DE égale à la ligne donnée

A ; du point D et de l'intervalle de la ligne C, décrivez l'arc de cercle FG ; du point E et de l'intervalle de la ligne B, décrivez l'arc IH ; enfin de la section O tirez les lignes OE, OD. — Pour que cette opération puisse se faire, il faut que les trois lignes soient inégales de grandeur, et que la plus grande soit plus petite que la somme des deux autres.

86. — *Construire un carré sur une ligne donnée.*

AB est la ligne donnée.

PRATIQUE.

A l'extrémité A, élevez une perpendiculaire AC égale à AB ; des points B et C et de l'intervalle AB faites la section D ; de ce point D tirez les lignes DC, DB et le carré sera construit.

87. — *Construire un pentagone régulier sur une ligne donnée.*

AB est la ligne donnée.

PRATIQUE.

De l'extrémité A et de l'intervalle AB, décrivez l'arc BDC ; élevez la perpendiculaire AC ; divisez l'arc BC en cinq parties égales BI, IP, PL, LM, MC ; tirez la ligne droite AL ; coupez la base AB en deux parties égales au point O ; de ce point O élevez la perpendiculaire OF ; de la section F et de l'intervalle FA, décrivez le cercle ABKGH ; portez cinq fois la ligne AB sur cette circonférence, et vous aurez un pentagone régulier.

88. — *Construire un hexagone régulier sur une droite donnée.*

AB est la ligne donnée.

PRATIQUE.

Des extrémités A, B et d'une ouverture de compas égale à la ligne donnée, décrivez les arcs AC, BD ;

de la section O, décrivez le cercle KLM ; portez six fois la ligne donnée AB dans la circonférence, et vous aurez un hexagone régulier ABEFGH construit sur la ligne donnée AB.

89. — *Sur une ligne donnée décrire une portion de cercle capable d'un angle égal à un angle donné.*

AB est une ligne déterminée susceptible de contenir un angle égal à un angle donné C.

PRATIQUE.

Faites l'angle ABD égal à l'angle C ; au point B, élevez sur DB la perpendiculaire BE ; coupez la ligne AB en deux parties égales au point H ; élevez la perpendiculaire HF ; de la section F et de l'intervalle FA, décrivez la portion de cercle AGB ; les angles que vous ferez dans cette portion de cercle et sur la ligne donnée AB seront tous égaux à l'angle C.

90. — *Trouver le centre d'un cercle donné.*
ABC est le cercle donné.

PRATIQUE.

Tirez à volonté la ligne droite AB ; coupez cette droite AB en deux parties égales par la ligne DC ; coupez aussi cette ligne droite DC en deux parties égales au point F ; ce point d'intersection sera le centre du cercle.

91. — *Achever une circonférence commencée et dont dont on n'a plus le centre.*
ABC est la partie connue de la circonférence.

PRATIQUE.

Prenez à volonté les trois points A, B, C sur la circonférence commencée ; des points A et B, faites les sections E, F ; des points B et C, faites les sections

4

G, H; tirez les lignes EF et HG; de leur intersection I et de l'intervalle IA achevez la circonférence commencée.

92. — *Décrire une circonférence par trois points donnés.*

A, B, C sont les trois points donnés.

PRATIQUE.

Des points A, B, C décrivez trois cercles égaux DEH, DEF, FGL, s'entrecoupant aux points D et E, F et G; tirez les lignes DE, FG jusqu'à ce qu'elles se rencontrent en I; de ce point I et d'une ouverture de compas égale à IA décrivez une circonférence qui sera celle demandée.

93. — *Décrire une ellipse sur une longueur donnée.*

AB est la ligne donnée.

PRATIQUE.

Divisez la longueur donnée AB en trois parties égales AC, CD, DB; des points C et D comme centres et de l'intervalle CA, décrivez les cercles AEF, BGK; des sections L, M et de l'intervalle du diamètre MH, décrivez les arcs HI, OP, et l'ellipse sera terminée.

94. — *Trouver le centre et les deux axes d'une ellipse.*

ABCD est l'ellipse donnée.

PRATIQUE.

Dans l'ellipse ABCD menez à volonté les deux lignes parallèles BN, HI; coupez ces lignes BN, HI en deux parties égales en L et en M; tirez la ligne PLMO; coupez-la en deux parties égales au point E; ce point E sera le centre de l'ellipse. Du point E, décrivez à volonté le cercle FGQ coupant l'ellipse

en F et en G ; par les sections F, G tirez la ligne
droite FG ; coupez-la en deux parties égales au
point R ; tirez le grand axe AC par les points E, R,
et du centre E tirez le petit axe BD parallèle à la
ligne FG.

95. — *Tracer une ellipse alongée sur une
droite donnée.*

AB est la ligne donnée.

PRATIQUE.

Divisez la ligne donnée en quatre parties égales
AC, CD, DE, EB ; des points C, D, E et d'une
ouverture de compas égale à l'une des divisions,
décrivez trois cercles égaux ; par les intersections
F, H, G, L tirez les lignes FC, GE, LE, HC, qui pro-
longées, rencontreront les cercles C, E, aux points
R, N, et de plus elles se couperont aux points O et K ;
de ces derniers points comme centres et d'une ouverture de compas égale aux lignes OR, KN, décrivez
les arcs NMN, RPR, et l'ellipse sera terminée.

96. — *Construire sur deux axes donnés, une
autre ellipse dite anse de panier.*

AB est le grand axe, CE est le petit ; il est perpendiculaire au milieu E de AB.

PRATIQUE.

Du point E comme centre, et de l'intervalle EA,
décrivez l'arc de cercle AFB ; divisez en trois parties égales l'espace FC, qui est la différence des deux
axes ; portez une de ces parties de C en D ; des points
A et B comme centres, et d'une ouverture de compas
égale à ED, décrivez les arcs GI ; des points G comme
centres et de la même ouverture de compas, tracez
les portions de cercle AI, BI ; des intersections I et
de l'ouverture de compas II décrivez les arcs IO ;
de l'intersection O et de l'ouverture de compas OI,

tracez l'arc de cercle ICI qui finit l'ellipse, dite *anse de panier*. Cette ellipse s'emploie le plus souvent pour la construction des voûtes.

97. — *Autre ellipse appelée ovale du jardinier*. Cette ovale se trace au moyen d'un cordeau et de trois piquets.

Le grand axe est BE, et le petit est DF ; ils se coupent chacun en deux parties égales, et perpendiculairement, au point A, centre de l'ovale.

PRATIQUE.

Prenez l'intervalle BA, moitié du grand axe, et de l'extrémité D, du petit axe, comme centre, décrivez un arc de cercle qui coupe BE aux points G, H ; plantez un piquet en H et un autre en G ; prenez alors un cordeau tel, qu'étant noué, il soit exactement égal à deux fois la longueur BH ; puis avec un piquet mobile I, tracez l'ovale BDEF, en ayant soin de tenir le cordeau fortement tendu au fur et à mesure qu'il glisse autour des piquets G, H.

98. — *Construire une figure rectiligne sur une droite déterminée, semblable à une figure rectiligne donnée*. AB est la ligne donnée, CDEF est la figure.

PRATIQUE.

Menez la diagonale FD du polygone donné. Au point A faites un angle GAB égal à l'angle FCD ; au point B faites un angle ABG égal à l'angle CDF ; le triangle GAB que vous obtiendrez sera semblable au triangle FCD. Sur la diagonale GB, faites comme précédemment, le triangle HGB semblable au triangle EFD, et le problème sera terminé.

DE L'INSCRIPTION DES FIGURES (1).

99. — *Dans un cercle donné, inscrire un triangle équilatéral, un hexagone et un dodécagone.*
opq est le cercle donné.

PRATIQUE.

Pour le triangle. D'un point quelconque G et d'une ouverture de compas égale à la moitié du diamètre AD, décrivez l'arc de cercle CBD ; tirez la ligne droite CD ; portez cet intervalle CD du point C au point F ; tirez les lignes FC, FD, et le triangle CFD sera le triangle équilatéral demandé.

Pour l'hexagone. Portez six fois le demi-diamètre AB dans la circonférence, et en joignant par des droites les points A, C, G, D, E, F, l'hexagone sera terminé.

Pour le dodécagone. Divisez l'arc de cercle AF, par exemple, en deux parties égales au point H, et l'une des parties FH pourra être portée douze fois sur la circonférence.

100. — *Dans un cercle donné, inscrire un quarré et un octogone.*
ACBD est le cercle donné.

PRATIQUE.

Pour le quarré. Tirez deux diamètres AB, CD qui se coupent à angles droits ; tirez les droites AC, CB, BD, DA et vous aurez le quarré demandé.

Pour l'octogone. Divisez l'arc AC, par exemple, en deux parties égales au point K, et vous n'aurez

---

(1) Une figure est *inscrite* dans une autre lorsqu'elle y est enfermée et que tous ses sommets passent par les côtés de cette autre.

Une figure est *circonscrite* lorsqu'elle en enferme une autre en passant par tous ses sommets.

plus qu'à porter une des parties huit fois comme corde sur la circonférence.

101. — *Dans un cercle donné, inscrire un pentagone et un décagone.*
ACBD est le cercle donné.

PRATIQUE.

Pour le pentagone. Tirez les deux diamètres AB, CD s'entrecoupant à angles droits en E ; coupez le demi-diamètre ED en deux parties égales au point F ; de ce point F et de l'intervalle FA, décrivez l'arc AG ; du point A et de l'intervalle AG, décrivez l'arc GH ; et la ligne droite AH pourra être portée cinq fois sur la circonférence.

Pour le décagone. Divisez l'arc AD en deux parties égales au point K, et portez une des parties dix fois sur la circonférence.

102. — *Dans un cercle donné, inscrire un heptagone.*
ABE est le cercle donné.

PRATIQUE.

Tirez le demi-diamètre AI ; de l'extrémité A et de l'intervalle AI, décrivez l'arc CIC ; tirez la ligne droite CC, et CO sera le côté de l'heptagone demandé.

103. — *Dans un cercle donné, inscrire un ennéagone.*
BCD est le cercle donné.

PRATIQUE.

Menez le demi-diamètre AB ; de l'extrémité B et de l'intervalle BA, décrivez l'arc CAD ; tirez la ligne droite DC et prolongez-la vers F ; faites EF égale à la ligne AB ; du point E décrivez l'arc FG ; du point F décrivez l'arc EG ; tirez la droite AG, et portez CH neuf fois sur la circonférence.

104. — *Dans un cercle donné, inscrire un undécagone.*

AEF est le cercle donné.

PRATIQUE.

Tirez le demi-diamètre AB ; coupez-le en deux parties égales en C ; des points A, C et de l'intervalle AC, décrivez les arcs CDI et AD ; du point I et de l'intervalle ID, décrivez l'arc DO ; CO est le côté du polygone de onze côtés qui peut être inscrit dans la circonférence.

105. — *Dans un cercle inscrire un triangle semblable à un triangle donné.*

ABC est le cercle donné et DEF est le triangle.

PRATIQUE.

Menez la ligne tangente GH ; du point de contact A, faites l'angle HAC égal à l'angle E ; faites l'angle GAB égal à l'angle D ; tirez la ligne BC et le triangle ABC sera semblable au triangle donné.

106. — *Inscrire un cercle dans un triangle donné.*

ABC est le triangle donné.

PRATIQUE.

Divisez les deux angles A et C en deux parties égales par les lignes AD, CD ; de la section D, abaissez sur AC la perpendiculaire DF ; du point D comme centre et de l'intervalle DF décrivez le cercle demandé.

107. — *Inscrire un quarré dans un triangle donné.*

ABC est le triangle donné.

PRATIQUE.

Elevez la perpendiculaire AD, à l'extrémité de la base AB; faites cette perpendiculaire égale à AB; de l'angle C tirez la ligne CE parallèle à AD; menez la ligne oblique DE; par le point F menez FG parallèle à AB; abaissez les perpendiculaires GI, FH, et le quarré sera inscrit.

108. — *Inscrire un pentagone régulier dans un triangle équilatéral.*

ABC est le triangle donné.

PRATIQUE.

Au point C abaissez la perpendiculaire CI sur AB; du point C comme centre, décrivez l'arc BIM; divisez l'arc BI en cinq parties égales; portez-en une sixième de I en M et tirez la ligne CM; divisez CM en deux parties égales au point L; du point C et de l'ouverture CL, décrivez l'arc LD; tirez la ligne droite LD jusqu'en H; faites la partie CG égale à la partie BH; tirez les lignes DG et MA; du point D et de l'intervalle DN, décrivez l'arc NO; des points N, O comme centres et de la même ouverture de compas, décrivez les arcs DQ, DP et les lignes OP, PQ, QN, ND, DO formeront le pentagone demandé.

109. — *Inscrire un triangle équilatéral dans un carré.*

ABCD est le quarré donné.

PRATIQUE.

Tirez les diagonales AC, BD; de leur intersection E comme centre et de l'intervalle EA, décrivez le cercle OPQ; du point C et avec la même ouverture de compas, décrivez l'arc FEG; tirez les lignes droites AF, AG; menez la droite HI, et AHI sera le triangle demandé.

110. — *Inscrire un triangle équilatéral dans un pentagone régulier.*

ABCDE est le pentagone donné.

PRATIQUE.

Décrivez un cercle qui passe par tous les sommets du pentagone ; du point A comme centre et de l'intervalle du demi-diamètre AF, décrivez l'arc FL ; coupez cet arc FL en deux parties égales au point N ; tirez la ligne ANI ; du point A et de l'intervalle AI, décrivez l'arc IOH ; tirez les lignes AH, HI, et le tracé sera terminé.

111. — *Un pentagone étant donné, y inscrire un carré.*

ABCDE est le pentagone donné.

PRATIQUE.

Tirez la ligne droite BE ; abaissez la perpendiculaire ET, à l'extrémité de BE ; faites cette perpendiculaire égale à la ligne EB ; tirez la ligne AT ; de la section O, menez OP parallèle au côté CD ; aux extrémités O, P élevez les perpendiculaires OM, PN, et tirez la ligne NM qui terminera le carré demandé.

CIRCONSCRIPTION DES FIGURES.

112. — *Autour d'un triangle donné, circonscrire un cercle.*

ABC est le triangle donné.

PRATIQUE.

Elevez une perpendiculaire au milieu de la droite AC et une autre au milieu de BC ; leur point d'intersection D sera le centre du cercle circonscrit au triangle donné.

5

113. — *Autour d'un carré circonscrire un cercle.*

ACBD est le carré donné.

PRATIQUE.

Tirez les diagonales AB, CD; de la section G et de l'intervalle GA, décrivez le cercle demandé.

114. — *Autour d'un cercle circonscrire un carré.*

ACBD est le cercle donné.

PRATIQUE.

Tirez les diamètres AB, CD se coupant à angles droits en O; des points A, C, B, D et de l'intervalle AO, décrivez les demi-cercles HOG, HOE, EOF, FOG; joignez par des droites les sections E, F, G, H, et le carré sera circonscrit.

115. — *Autour d'un cercle donné, circonscrire un pentagone.*

ABCDE est le cercle donné.

PRATIQUE.

Inscrivez le pentagone ABCDE; du centre F et par le milieu de chaque côté, tirez les lignes FO, FP, FQ, FR, FS; tirez la ligne tangente PQ passant par A; du centre F et de l'intervalle FP, décrivez le cercle OPQRS; par les sections O, P, Q, R, S, tirez les côtés du pentagone demandé.

116. — *Autour d'un polygone donné, circonscrire un même polygone.*

BCDEFG est le polygone donné.

PRATIQUE.

Prolongez deux côtés, comme BG, EF, qui se rencontrent en H; tirez la ligne AH; tirez aussi FI coupant l'angle GFH en deux parties égales. Du

(35)

centre A et de l'intervalle AI, décrivez le cercle
IMO ; tirez les rayons AL, AM, AN, AO, AP, par le
milieu de chaque côté du polygone donné ; et en
joignant par des droites les points I, L, M, N, O, P,
ou aura le polygone circonscrit.

117. — *Autour d'un triangle circonscrire un
carré.*

ABC est le triangle donné.

PRATIQUE.

Coupez la base BC en deux parties égales au point
E ; prolongez cette base vers D ; faites la ligne ED
égale à EA ; joignez par des droites les points A, D ;
du point E comme centre et de l'intervalle EC,
décrivez le demi-cercle BFC ; tirez la ligne AEF ;
du point F tirez les lignes FCG, FBG, et le carré
FGAC sera circonscrit au triangle donné.

118. — *Autour d'un triangle circonscrire un
pentagone.*

ABC est le triangle donné.

PRATIQUE.

Des angles A, B, C et d'une même ouverture
de compas, décrivez les arcs DD, LL, III ; divisez
l'arc OP en cinq parties égales ; de P comme centre,
et de l'intervalle de quatre parties, décrivez l'arc
NMH ; tirez la ligne droite AHL ; prenez l'arc LM
égal à l'arc HN ; tirez la ligne droite AID égale à
la ligne AHL ; faites l'arc OI égal à l'arc OH ; tirez
les côtés AD, DR égaux aux côtés AL, LS, et le
côté RS terminera le pentagone circonscrit.

119. — *Autour d'un carré circonscrire un
pentagone.*

ABCD est le quarré donné.

PRATIQUE.

Prolongez le côté CB vers N ; coupez le côté AB

en deux parties égales en R ; élevez la perpendiculaire RV ; des points B, D, C et d'une même
ouverture de compas BR, décrivez les arcs RN, ST ;
divisez l'arc RN en cinq parties égales RH, HG, GF,
FE, EN ; faites l'angle RBV égal aux deux parties RH,
HG ; faites les angles SCU, SDU égaux à l'une des
parties RH ; prolongez les lignes VB, CU qui se
coupent en O ; faites la ligne OQ égale à la ligne
OV et tirez les autres côtés de la même manière.

DES LIGNES PROPORTIONNELLES.

Par lignes *proportionnelles*, on entend celles
dont les longueurs comparées entre elles peuvent
former une proportion.

120. — *Trouver une ligne qui soit moyenne
proportionnelle entre deux autres.*

A, B sont les lignes données.

PRATIQUE.

Tirez une ligne indéterminée GH ; portez sur cette
ligne la longueur A, de C en E ; portez la longueur
B, de E en D ; divisez CD en deux parties égales
en I ; de ce point I et de l'intervalle IC, décrivez
le demi-cercle CFD ; élevez la perpendiculaire EF,
cette ligne sera moyenne proportionnelle entre les
lignes A et B.

121. — *Etant donnée la somme des extrêmes
et la moyenne proportionnelle, trouver les extrêmes.*

AB est la somme des extrêmes, C est la moyenne
proportionnelle.

PRATIQUE.

Coupez la somme des extrêmes, ou la ligne AB,
en deux parties égales en G ; de ce point G et de
l'intervalle GA décrivez le demi-cercle AEB ; élevez

la perpendiculaire BD égale à la moyenne C ; tirez la ligne DE parallèle à AB ; de la section E abaissez EF perpendiculaire sur AB , et le point F sera le point où les extrêmes se joignent ; EF étant égale à C sera moyenne entre les extrêmes AF et FB.

122. — *Etant donnée la moyenne de trois lignes proportionnelles et la différence des extrêmes, trouver les extrêmes.*

GH est la moyenne, AB est la différence des extrêmes.

PRATIQUE.

A l'extrémité B de la différence des extrêmes , élevez la perpendiculaire BC égale à la moyenne GH ; divisez AB en deux parties égales en D ; prolongez-la vers E et vers F ; du point D , avec une ouverture de compas égale à DC , décrivez le demi-cercle ECF, et BE , BF seront les extrêmes cherchés.

123. — *Sur une ligne droite donnée , en marquer une partie qui soit moyenne proportionnelle entre le reste et une autre ligne droite proposée.*

AI est la ligne sur laquelle il faut marquer une partie qui soit moyenne proportionnelle entre la partie qui restera et la ligne proposée BB.

PRATIQUE.

Tirez la ligne indéterminée CD ; faites les lignes DE, EC égales aux lignes AI, BB ; du point O, milieu de DC, décrivez le demi-cercle DFC ; élevez la perpendiculaire EF ; coupez la ligne CE en deux parties égales en G ; de ce point G et de l'intervalle GF, décrivez l'arc FH ; marquez sur AI la partie AK égale à EH ; AK sera alors la moyenne proportionnelle entre le reste KI et la ligne BB.

124. — *Etant données deux lignes droites,
trouver une troisième proportionnelle.*
AB, AC sont les deux lignes droites données.

PRATIQUE.

Faites à volonté l'angle DNE; prenez NH égale
à la ligne AB; prenez NO égale à la ligne AC; prenez
encore HD égale à AC; tirez HO; par le point D,
menez DE parallèle à HO, et EO sera la troisième
proportionnelle cherchée.

125. — *Trouver une quatrième proportionnelle à trois droites données.*
A, B, C sont les lignes données.

PRATIQUE.

Faites à volonté l'angle GDH; portez la longueur
A, de D en E; la longueur B, de D en F; enfin,
la longueur C, de E en G; tirez la ligne EF; par le
point G menez GH parallèle à EF, et FH sera la quatrième proportionnelle aux trois droites données.

126. — *Entre deux lignes droites données
trouver deux moyennes proportionnelles.*
H, I sont les lignes données.

PRATIQUE.

Tirez la ligne AB égale à la ligne H; abaissez la
perpendiculaire BC égale à la ligne I, et menez la
ligne AC; coupez cette ligne AC en deux parties
égales en F; élevez les perpendiculaires AO, CR;
du point F comme centre, et de l'ouverture de
compas FD, décrivez l'arc de cercle DE, de telle
sorte que la corde de l'arc DE passe par B; alors AD
et CE seront moyennes proportionnelles entre les
lignes données I, H.

127. — *Couper deux lignes droites données,*

chacune en deux parties telles, que les quatre segmens soient proportionnés entre eux.

A, G sont les lignes données.

PRATIQUE.

Faites un angle droit BOC; prenez la ligne BO égale à la ligne A, et la ligne OC égale à la ligne G; menez la ligne BC; du milieu H de BO, décrivez le demi-cercle BDO; de la section D, menez DE parallèle à OC et DF parallèle à BO; AB sera coupée en E, OC le sera en F; ce qui fera que BE sera à ED comme ED est à DF; et que ED sera à DF comme DF est à FC.

128. — *Diviser une ligne droite déterminée selon des raisons données.*

AB est la ligne qui doit être divisée selon les raisons C, D, E, F.

PRATIQUE.

Du point A, tirez à volonté la ligne AG; portez, sur cette droite, C de A en H; D de H en I; E de I en L; enfin F de L en M; tirez la ligne BM; menez les lignes LN, IO, HP, parallèles à la ligne BM, et la ligne AB sera divisée aux points P, O, N comme la proposition en est faite.

MESURAGE DES FIGURES PLANES.

Pour mesurer un triangle, il faut multiplier le nombre de mètres et de parties de mètre que contient sa base par la moitié de celui que renferme la hauteur. Ainsi, par exemple, si un triangle a pour base 12 mètres et pour hauteur 15 mètres, il faut multiplier 12^m par $7^m,50$ et le produit donnera pour superficie 90 mètres carrés, c'est-à-dire que le triangle contiendra dans ses côtés 90 carrés ayant un mètre en tous sens.

Pour mesurer un carré, il faut multiplier un des côtés par lui-même. Ainsi en supposant que le côté ait 10 mètres de longueur, la superficie sera de 100 mètres carrés.

Pour mesurer un rectangle, il faut multiplier le grand côté par le petit (la base par la hauteur). Ainsi, si le grand côté a $25^{m},25$ et le petit $12^{m},16$, la superficie du rectangle sera de $307^{mm},04$ mètres carrés, c'est-à-dire 307 mètres carrés et 4 décimètres carrés.

Pour mesurer un parallélogramme, il faut aussi multiplier la base par la hauteur, c'est-à-dire par la perpendiculaire abaissée d'un sommet sur la base.

Pour mesurer un polygone quelconque, on le décompose en triangles en menant des diagonales d'un même sommet; mesurant séparément la superficie de chaque triangle, et additionnant tous les produits on obtient la superficie totale du polygone.

Quand le polygone est régulier l'opération se simplifie, car il suffit de multiplier le contour du polygone par la moitié de la perpendiculaire abaissée du centre sur un des côtés.

Pour mesurer un cercle, il faut d'abord chercher la longueur de sa circonférence, longueur que l'on obtient en multipliant son diamètre par la fraction 3,1416. Lorsqu'on a la longueur on la multiplie par la moitié du rayon, et le produit donne la superficie du cercle. Si, par exemple, un cercle a 10 mètres de rayon, la longueur de sa circonférence sera de $62^{m},832$, et sa superficie sera de 314,16 mètres carrés.

Pour mesurer une ellipse, multipliez la moitié du grand axe par la moitié du petit, puis multi-

pliez le produit obtenu par le nombre 3,1416. Si
la moitié du grand axe a pour longueur o^m,75 et
la moitié du petit o^m,55, en multipliant o^m,4125
(produit de o^m,75 par o^m,55) par 3,1416, on ob-
tiendra 1,2959 mètre carré pour la superficie de
l'ellipse, c'est-à-dire 1 mètre carré, 29 décimètres
carrés, et 59 centimètres carrés.

DES CORPS OU SOLIDES.

On donne le nom de *solide* à tout ce qui a les
trois dimensions, hauteur, largeur et épaisseur. Il
y en a qui sont terminés par des lignes droites; tels
que le PRISME, la PYRAMIDE et les POLYÈDRES; d'autres
qui sont terminés par des lignes courbes, tels que
le CYLINDRE, le CÔNE et la SPHÈRE.

Le prisme, la pyramide, le cylindre, et le cône,
peuvent être *droits* ou *obliques;* mais nous ne
nous occuperons que des droits.

PRISME.

Le *prisme* est un corps terminé par deux bases
égales et parallèles, et par autant de parallélogrammes qu'il y a de côtés dans l'une des bases.

Le prisme est donc d'égale grosseur dans toute
sa longueur. Si la base est régulière, chacune de
ses faces présente des parallélogrammes égaux. Le
prisme prend le nom de la figure de sa base : il est
triangulaire, quadrangulaire, pentagonal, etc.,
selon qu'il a pour base un triangle, un quadrilatère,
un pentagone, etc.

129. — Prisme triangulaire.
130. — Prisme quadrangulaire.
131. — Prisme pentagonal.

Mesurage du prisme.

PRATIQUE.

La surface totale du prisme est égale au contour de sa base multiplié par sa hauteur, plus la superficie des deux bases.

Pour mesurer la solidité du prisme, il faut chercher en mètres carrés la superficie de sa base, et la multiplier par la hauteur du prisme. Ainsi, par exemple, si la base d'un prisme a une superficie de 5 mètres carrés, et s'il a pour hauteur 6 mètres, sa solidité sera de 30 mètres cubes.

PYRAMIDE.

La *pyramide* est un solide terminé par une base qui est un polygone quelconque, et par autant de triangles qu'il y a de côtés dans la base : ces triangles aboutissent à un point commun qui est appelé le *sommet* de la pyramide.

Comme le prisme, la pyramide prend le nom du polygone de sa base. Ainsi l'on dit une pyramide *triangulaire*, *quadrangulaire*, *pentagonale*, selon que la pyramide a pour base un triangle, un quadrilatère, un pentagone, etc.

132. — Pyramide triangulaire.
133. — Pyramide quadrangulaire.
134. — Pyramide pentagonale.

Mesurage de la pyramide.

PRATIQUE.

La surface latérale de la pyramide régulière est égale au contour de sa base, multiplié par la moitié de la perpendiculaire abaissée du sommet sur un des côtés de la base. Si à ce produit on ajoute la superficie de la base, on aura la surface totale de la pyramide.

Pour mesurer la solidité d'une pyramide, il faut multiplier la superficie de sa base par le tiers de la perpendiculaire abaissée du sommet sur la base (cette ligne est la hauteur de la pyramide). Une pyramide qui aurait pour base 35 mètres carrés et pour hauteur 24 mètres, aurait pour solidité 280 mètres cubes (produit de 35 par 8).

CYLINDRE.

135. — Le *cylindre* est une espèce de prisme dont les bases sont deux cercles égaux et parallèles.

Mesurage du cylindre.

PRATIQUE.

On obtient la surface totale du cylindre, en multipliant la circonférence de sa base par sa hauteur, et en ajoutant au produit la superficie des deux cercles de base.

Pour avoir la solidité d'un cylindre, cherchez la superficie du cercle de base, et multipliez-la par la hauteur du cylindre. Si votre cercle ou base a, par exemple, une superficie de 490,87 mètres carrés, et si sa hauteur a 50 mètres, le cylindre aura pour solidité 24543^{mc},500.

CÔNE.

136. — Le *cône* (espèce de pyramide) est un solide dont la base est un cercle et dont la grosseur va toujours en diminuant jusqu'à qu'elle se réduit à un seul point que l'on nomme *sommet du cône*.

Mesurage du cône.

PRATIQUE.

La surface totale du cône s'obtient en multipliant

le contour de sa base par la moitié du côté, et en ajoutant à ce produit la superficie de la base.

Pour avoir la solidité d'un cône, multipliez la base par le tiers de la perpendiculaire abaissée du sommet sur la base (cette perpendiculaire est la hauteur du cône). Si un cône a pour base 28 mètres carrés et pour hauteur 15 mètres, en multipliant 28 par 5 (tiers de 15) vous trouverez que le cône a 140 mètres cubes de solidité.

SPHÈRE.

137. — La *sphère* que l'on nomme vulgairement *boule* est un solide terminé de tous côtés par une surface dont tous les points sont également éloignés d'un point intérieur que l'on nomme *centre de la sphère*.

Une sphère a des *grands* et des *petits cercles :* les grands cercles sont ceux qui ont même centre que la sphère, et les petits cercles sont ceux qui ont des centres différens.

Mesurage de la sphère.

PRATIQUE.

La surface de la sphère s'obtient en multipliant la longueur d'un de ses grands cercles par son diamètre ou deux fois son rayon.

Pour avoir la solidité d'une sphère, il vous suffira de multiplier sa surface totale par le tiers de son rayon. Si, par exemple, vous considérez une sphère de 10 mètres de rayon, la circonférence d'un de ses grands cercles sera de $62^m,832$; multipliant $62^m,832$ par 20 mètres (longueur du diamètre), vous aurez 1 256.64 mètres carrés pour sa surface ; enfin, en multipliant $1256^{mm},64$ par $3^m,33$ (tiers du rayon), vous obtiendrez $4184^{mc},511200$ pour

la solidité, c'est-à-dire 4184 mètres cubes, 511 décimètres cubes, et 200 centimètres cubes.

DES POLYÈDRES.

On appelle POLYÈDRE un corps dont toutes les
faces sont planes.

Il y a deux sortes de polyèdres : les IRRÉGULIERS
et les RÉGULIERS.

Les polyèdres *irréguliers* sont ceux qui sont terminés par des faces dissemblables. On en rencontre
dans les minéraux et dans les cristallisations.

Les polyèdres *réguliers* sont des corps terminés
par un plus ou moins grand nombre de faces parfaitement semblables.

On compte cinq polyèdres réguliers, et il ne
peut y en avoir davantage.

138. — Le TÉTRAÈDRE qui se forme de quatre
triangles équilatéraux ; voyez son développement.

139. — L'HEXAÈDRE ou CUBE qui se compose de
quatre carrés égaux ; voyez son développement.

140. — L'OCTAÈDRE terminé par huit triangles
équilatéraux ; voyez son développement.

141. — Le DODÉCAÈDRE qui se termine par douze
pentagones ; voyez la moitié du développement.

142. — L'ICOSAÈDRE qui se termine par vingt
triangles équilatéraux ; voyez la moitié du développement.

DU MÈTRE.

Autrefois, il existait dans chaque province, on pourrait presque dire dans chaque ville, des mesures différentes par les dénominations, comme par les valeurs, et dont les bases étaient généralement fort arbitraires. Donner à la France un système uniforme de poids et de mesures, faire reposer ce système sur des unités prises d'après des objets invariables, sur des progressions suivies avec une méthode rigoureuse, tels ont été les résultats d'une des plus heureuses conceptions du génie de l'homme. Mais comme pour le dessin linéaire nous n'avons besoin que de connaître les mesures de longueur, nous nous bornerons à expliquer seulement ces dernières.

Le MÈTRE, unité de longueur, est la dix-millio-nième partie du quart du méridien terrestre. Il se subdivise en *décimètres*, *centimètres* et *milli-mètres*.

Le décimètre est la dixième partie du mètre, le centimètre en est la centième partie, le milli-mètre en est la millième partie.

Anciennes mesures.

Le mètre a pour longueur. 3^{pieds} $0^{pou.}$ 11^{lignes},296
Le décimètre . . . . o 3 8 ,3296
Le centimètre. . . . . o o 4 ,433
Le millimètre . . . . o o o ,4433

Pour faciliter aux élèves l'étude et l'application de ce système, nous avons emprunté à la Société Nationale le tableau de réduction des mesures anciennes en nouvelles, et celle des nouvelles en anciennes.

Réduction des toises, pieds, pouces, en mètres et décimales du mètre.

Toi.	Mètres.	Pied	Mètres.	Po.	Mètres.
1	1,94904	1	0,32484	1	0,02707
2	3,89807	2	0,64968	2	0,05414
3	5,84711	3	0,97452	3	0,08121
4	7,79615	4	1,29936	4	0,10828
5	9,74518	5	1,62420	5	0,13535
6	11,69422	6	1,94904	6	0,16242
7	13,64326	7	2,27388	7	0,18949
8	15,59229	8	2,59872	8	0,21656
9	17,54133	9	2,92355	9	0,24363
10	19,49037	10	3,24839	10	0,27070
20	38,98073	20	6,49679	11	0,29777
30	58,47110	30	9,74518	12	0,32484
40	77,96146	40	12,99358	13	0,35191
50	97,35183	50	16,24197	14	0,37898
60	116,94220	60	19,49037	15	0,40605
70	136,43256	70	22,73876	16	0,43312
80	155,92293	80	25,98715	17	0,46019
90	175,41329	90	29,23555	18	0,48726
100	194,90366	100	32,48394	19	0,51433

Réduction des mètres en tois., pie., pou. et lig.

Mètr	Toi.	Pied	Pou.	Lignes.
1	0	3	0	11,296
2	1	0	1	10,592
3	1	3	2	9,888
4	2	0	3	9,184
5	2	3	4	8,480
6	3	0	5	7,776
7	3	3	6	7,072
8	4	0	7	6,368
9	4	3	8	5,664
10	5	0	9	4,96
20	10	1	6	9,92
30	15	2	4	2,88
40	20	3	1	9,84
50	25	3	11	0,80
60	30	4	8	5,76
70	35	5	5	10,72
80	41	0	3	3,68
90	46	1	0	7,64
100	51	1	10	1,60

Réduction des mètres, décimètres, centimètres et millimètres, en pieds, pouces, lignes et décimales de la ligne.

M.	Pi.	Po.	Lignes	D.	P.	Po.	Lignes.	Ce.	Po.	Lignes.	Mil	Lignes.
1	3	0	11,296	1	0	3	8,3296	1	0	4,4330	1	0,4433
2	6	1	10,593	2	0	7	4,6592	2	0	8,8659	2	0,8866
3	9	2	9,888	3	0	11	0,9888	3	1	1,2989	3	1,3299
4	12	3	9,184	4	1	2	9,3184	4	1	5,7318	4	1,7732
5	15	4	8,480	5	1	6	5,6489	5	1	10,1648	5	2,2165
6	18	5	7,776	6	1	10	1,9776	6	2	2,5978	6	2,6598
7	21	6	7,072	7	2	1	10,3072	7	2	7,0307	7	3,1031
8	24	7	6,368	8	2	5	6,6368	8	2	11,4637	8	3,5464
9	27	8	5,664	9	2	9	2,9664	9	3	3,8966	9	3,9897
10	30	9	4,960	10	3	0	11,2960	10	3	8,3296	10	4,4330

Réduction des toises carr. et cubes en mètres carrés et cubes.   Réduction des mètres carrés et cubes en toises carrées et cubes.

Toises carrées	Mètres carrés.	Toises cubes.	Mètres cubes.	Mètres carrés.	Toises carrées.	Mètres cubes.	Toises cubes.
1	3,7987	1	7,4039	1	0,2632	1	0,1351
2	7,5975	2	14,8078	2	0,5265	2	0,2701
3	11,3962	3	22,2117	3	0,7897	3	0,4052
4	15,1950	4	29,6156	4	1,0530	4	0,5403
5	18,9937	5	37,0195	5	1,3162	5	0,6753
6	22,7925	6	44,4233	6	1,5795	6	0,8104
7	26,5912	7	51,8272	7	1,8427	7	0,9454
8	30,3899	8	59,2311	8	2,1060	8	1,0805
9	34,1887	9	66,6350	9	2,3692	9	1,2156
10	37,9874	10	74,0389	10	2,6324	10	1,3506

Réduction des pieds carrés et cubes en mètres carrés et cubes.

Pieds carrés.	Mètres carrés.	Pieds cubes	Mètres cubes.
1	0,1055	1	0,03428
2	0,2110	2	0,06855
3	0,3166	3	0,10283
4	0,4221	4	0,13711
5	0,5276	5	0,17139
6	0,6331	6	0,20566
7	0,7386	7	0,23994
8	0,8442	8	0,27422
9	0,9497	9	0,30850
10	1,0552	10	0,34277

Réduction des mètres carrés et cubes en pieds carrés et cubes.

Mètres carrés	Pieds carrés.	Mètres cubes.	Pieds cubes.
1	9,48	1	29,17
2	18,95	2	58,35
3	28,43	3	87,52
4	37,91	4	116,70
5	47,38	5	145,87
6	56,86	6	175,04
7	66,34	7	204,22
8	75,81	8	233,39
9	85,29	9	262,56
10	94,77	10	291,74

ARCHITECTURE.

Il est hors de doute que le soin de bâtir des maisons a suivi de près celui de cultiver la terre, et que l'Architecture n'est pas de beaucoup postérieure à l'Agriculture. Les excessives chaleurs de l'été, les rigueurs de l'hiver, l'incommodité des pluies, la violence des vents, ont bientôt averti l'homme de chercher des abris, et de se procurer des retraites qui lui servissent d'asile contre les injures de l'air.

D'abord ce n'était que de simples cabanes, construites fort grossièrement de branchages d'arbres, et assez mal couvertes. Il y eut ensuite des bâtimens de bois, qui ont donné l'idée des colonnes et des architraves. Ces colonnes ont pris leur modèle sur les arbres qui ont d'abord été employés pour soutenir le faîte, et l'architrave n'est autre chose qu'une grosse poutre qui se plaçait entre les colonnes et le comble.

De jour en jour, et à force de travailler aux bâtimens, les ouvriers devinrent plus industrieux, et leurs mains plus habiles. Au lieu de ces frêles cabanes dont on s'était contenté dans les commencemens, ils élevèrent sur des fondemens solides, des murailles de pierres et de briques, et les couvrirent de bois et de tuiles. Dans la suite, leurs réflexions fondées sur l'expérience, les conduisirent

enfin à la connaissance de certaines règles de proportion, dont le goût est naturel à l'homme.

C'est donc par degré que l'Architecture est par-
venue à ce point de perfection. D'abord, comme
on l'a vu dans ses deux premières phases, elle s'est
enfermée dans ce qui était nécessaire pour l'usage
de la vie, ne cherchant, dans les constructions, que
la solidité, la salubrité et la commodité. Ensuite,
l'Architecture a travaillé à l'ornement et à la déco-
ration des édifices, elle a appelé d'autres arts à son
secours ; enfin, sont venues la grandeur, la magni-
ficence, que nous admirons encore dans les monu-
mens qui ont résisté à tant de siècles et qui attestent,
par leurs ruines, les connaissances profondes et
étendues de nos maîtres dans cette science.

PRINCIPES D'ARCHITECTURE.

Le but que nous nous sommes proposé n'est point
de donner un cours complet d'architecture ; cette
science demande une trop grande étude pour être
développée dans un si petit espace. Notre but est de
donner aux élèves des notions abrégées et de leur
former le goût par la connaissance de ses principes.

L'Architecture qui est *l'art de construire*, se
divise en trois branches principales, qui sont :
1° *l'architecture civile*, 2° *l'architecture navale*,
3° et *l'architecture militaire;* mais nous ne traite-
rons que de l'architecture civile, c'est-à-dire, de
celle qui s'occupe de la construction des édifices
publics et des bâtimens qui doivent non-seulement
satisfaire aux besoins physiques des hommes, mais
encore parler à leur imagination (1).

---

(1) L'architecture navale s'occupe de la construction des
vaisseaux, des ports, etc. ; et l'architecture militaire s'occupe
de toutes les constructions qui sont nécessaires soit à la défense
soit à l'attaque des places et des territoires.

Il y a *cinq ordres* dans l'architecture , savoir : le *toscan*, le *dorique*, l'*ionique*, le *corinthien* et le *composite*.

Le mot ordre qui est opposé à celui de confusion ne signifie autre chose qu'un arrangement régulier de parties, pour composer un ensemble parfait.

Les Grecs inventèrent les ordres dorique , ionique et corinthien ; les Romains , le toscan et le composite. Chacun de ces ordres a ses règles fixes et invariables ; chaque partie, ses proportions ; et dans l'ensemble , il y a une telle harmonie , un tel équilibre qu'aucune des parties ne domine au préjudice des autres (1).

Les planches 9 et 10 représentent les cinq ordres , de plus, l'ordre dorique grec , ou du grand temple de Pestum ; mais comme il est peu employé , nous avons cru devoir suivre la même marche que celle prise par nos devanciers pour l'étude des notions d'architecture ; nous ne parlerons donc que des cinq premiers.

Tous les ordres sont composés de trois grandes parties que l'on nomme *piédestal*, *colonne*, *enta-blement*, chacune de ces parties se divise en trois.

ENTABLEMENT	COLONNE	PIÉDESTAL
A *Corniche.*	D *Chapiteau.*	G *Corniche.*
B *Frise.*	E *Fût.*	H *Fût ou dé.*
C *Architrave.*	F *Base.*	I *Base ou socle.*

La moitié du diamètre de la colonne prise au tiers de la hauteur, donne une mesure que l'on appelle *module*. Le module se divise pour les ordres toscan et dorique, en douze parties, et pour l'ioni-que , le corinthien et le composite, en dix-huit parties qui donnent les différentes grosseurs que doivent avoir tous les membres de la colonne.

---

(1) L'élève fera bien de dessiner, sur une échelle double, les modèles que nous mettons sous ses yeux , il trouvera dans les planches 12 et 13 toutes les proportions établies.

HAUTEUR DES COLONNES Y COMPRENANT LE CHAPITEAU ET LA BASE.

Pl. 9, fig. 1. — Le toscan le plus simple de tous les ordres, n'a de hauteur que sept fois son diamètre ou quatorze modules.

Fig. 2. — Le dorique a huit diamètres ou seize modules, son chapiteau est plus riche de moulures, il a des *métopes* A et des *triglyphes* B dans la frise, puis des *gouttes* C dans l'architrave.

Fig. 3. — L'ionique, qui a neuf diamètres ou dix-huit modules, se distingue par son chapiteau qui a des volutes A, par les *denticules* B de la corniche, et par la base C de la colonne qui est différente des autres.

Pl. 10, fig. 4. — Le corinthien qui a dix diamètres ou vingt modules, a son chapiteau orné de deux rangs de feuilles d'acanthe A et de volutes, il a dans sa corniche des denticules B et des *modillons* C.

Fig. 5. — Le composite a aussi comme le corinthien dix diamètres ou vingt modules ; il est différent des autres par sa base et par son chapiteau qui participent des beautés de l'ionique, dont il a les volutes, et de la richesse du corinthien dont il a le même nombre de feuilles ; il porte des denticules et des modillons dans sa corniche.

Ces différens ordres reçoivent des ornemens divers dans la frise, dans l'architrave et dans le chapiteau.

Les anciens placèrent souvent, entre les triglyphes, dans la partie appelée métope, des têtes de bœuf, des vases ou d'autres ornemens ; ils adaptèrent également aux chapiteaux des ornemens représentant leurs divinités : dans quelques-uns, il y a des animaux à la place des volutes; dans d'autres, des cornes d'abondance ou d'autres images, suivant l'emploi auquel étaient destinées les colonnes. Dans le temple consacré à Jupiter, les chapiteaux sont ornés de têtes de ce dieu et d'aigles tenant des foudres; on en voyait qui portaient des griffons aîlés au lieu de volutes et qui probablement étaient destinés à d'autres divinités: c'est par ces sculptures que nous jugeons que tel temple a été consacré à telle divinité et en quelle occasion. Chaque religion, ainsi que chaque peuple ont tâché de se distinguer, tant par les symboles des divinités qu'ils adoraient, que par ses armes ou ses devises; mais ces ornemens, ces figures, n'ont pu faire changer les proportions de l'ordre, qui, selon Vitruve, doivent rester invariables (1).

EXPLICATION DES PLANCHES.

Planche 11. — Fig. 1 listel ou reglet, 2 baguette ou tore, 3 cavet, 4 scotie, 5 quart de rond, 6 cimaise ou doucine, 7 talon, 8 doucine renversée, 9 talon renversé.

La baguette et le tore se tracent en prenant la moitié du diamètre et en décrivant un demi-cercle à l'extrémité.

Les cavets et les quarts de rond sont des quarts de cercle parfaits; pour avoir leur centre, on fait tomber deux lignes perpendiculaires égales à la hauteur, de manière à former un carré parfait; la section K sera le centre pour le cavet, et la section O sera le centre pour le quart de rond.

La scotie est employée dans les bases des colonnes

---

(1) Avant de passer au tracé de colonnes, l'élève devra dessiner les profils des différentes moulures employées, et en étudier les constructions.

ioniques, corinthiennes et composites, elle se trace ainsi qu'il suit : élevez une perpendiculaire AB que vous diviserez en trois parties égales, AC, CH, HB; au point C, élevez CD perpendiculaire à AB, et sur laquelle vous porterez deux divisions de la ligne AB; du point O comme centre, et de l'ouverture de compas OC, décrivez l'arc de cercle CK; du point D comme centre et de l'ouverture de compas DC, décrivez l'arc de cercle GM; la scotie sera tracée.

Doucine ou cimaise. — Cette moulure se profile en tirant une diagonale des deux saillies A, B laquelle se partage en deux parties égales au point C; faites les sections F comme si vous vouliez établir des triangles équilatéraux; de ces points comme centres et de l'ouverture de compas FC, tracez les arcs de cercle AC, CB. La moulure du talon se trace de la même manière.

Ces différentes moulures reçoivent des ornemens qui varient suivant la richesse de l'ordre et le goût de l'architecte. Voyez les figures 10, 11, 12, 13, 14, 15, 16, 17.

Planches 12 et 13. — Ordres toscan, dorique, ionique et corinthien avec les noms des différentes moulures et ornemens ainsi que les principes qu'il faut observer dans toutes leurs parties. Ayant placé en légende les noms de tous les membres de chaque ordre, nous nous bornerons à engager l'élève à mettre beaucoup de précision et d'exactitude dans la divsion de son échelle, s'il veut qu'il y ait dans son dessin l'harmonie qui doit exister dans les tracés d'architecture.

Pl. 14, fig. 1. — La place que doit prendre la volute employée dans l'ordre ionique, se trouve en abaissant du talon E une perpendiculaire A (cette ligne se nomme *cathète*, et *cadette* par quelqu'au-teur moderne) jusqu'à la naissance du fût de la colonne K, le point d'intersection sera le centre du cercle dans lequel l'œil de la volute sera placé ; il doit avoir deux modules de diamètre. La hauteur de la volute sera de 16 parties, et sa largeur de 14.

Fig. 2. — *Tracé de la volute.*

Dans un cercle, nommé œil de la volute, tracez le carré A que vous diviserez en quatre parties égales au moyen des deux lignes B ; divisez ces lignes en 6 parties égales qui doivent, dans l'ordre indiqué, être numérotées depuis 1 jusqu'à 12. Chacune de ces divisions servira de centre au tracé extérieur de la volute. Cette opération terminée, divisez une des parties en quatre, et portez une de ces nouvelles parties au-dessous de celles qui ont servi de centre pour le tracé extérieur ; suivez le même ordre pour les circonférences intérieures que pour les premières, de 1 à 2 et ainsi de suite. Ce tracé demande beaucoup d'attention et d'exactitude dans les divisions ; sans cela l'élève ne menerait pas à fin l'opération.

Fig. 3. — Le fronton est un ornement d'architecture quelquefois rond et le plus ordinairement triangulaire, que l'on applique sur les portes, les fenêtres, le long d'une façade. Le champ ou panneau du milieu A se nomme *timpan*. On place dans cette partie des bas-reliefs ou des inscriptions.

Pour le construire, après avoir établi la saillie que la corniche BC doit avoir, partagez cette ligne en deux parties égales au point D ; abaissez la perpendiculaire DF ; du point D comme centre et de l'ouverture de compas DC, décrivez le demi-cercle BFC. Du point d'intersection F, et de l'ouverture de compas FB, décrivez l'arc BGC qui donnera la hauteur du fronton.

Fig. 4. — Les modillons sont de petites consoles

renversées qui se placent sous les plafonds des corniches ioniques, corinthiennes et composites; ils doivent toujours répondre sur le milieu des colonnes.

Fig. 5. — Plan d'un chapiteau d'ordre ionique cannelée. Les cannelures s'emploient dans les ordres pour donner plus de richesse et plus de légèreté à la colonne. Il y en a de deux sortes : *cannelures à vive arête* A et *cannelures à côtes* B ; ces dernières sont séparées par des listels qui doivent avoir le tiers de la cannelure.

Fig. 6. — Tracé d'arcades; en règle générale, elles doivent avoir pour hauteur deux fois leur largeur.

Planche 15. — Différentes élévations de tombeaux avec fronton, colonnes, pilastres et portes à panneaux.

Planche 16. — Elévation d'un bâtiment à colonnes et entablement ionique, orné au-dessus de la corniche, de même ordre, d'une balustrade composée d'entrelacs.

Le tout est surmonté d'un fronton ayant dans son timpan, une fenêtre à plein ceintre avec claveaux saillans.

MENUISERIE ET CHARPENTE.

Planche 17. — Portes de salon, à panneaux, corniche et attique ; grille de jardin soutenue par des pilastres d'ordre toscan.

Planche 18. — Assemblage des bois les plus employés en charpente et en menuiserie.

Planche 19. — Deux élévations de charpente, destinées à faire connaître à l'élève les principaux noms des pièces de bois employées, et la place qu'elles doivent occuper.

Planche 20. — Carrelages et parquets divers.

CHARRONNAGE.

SERRURERIE.

MÉCANIQUE.

DÉFINITIONS ET NOTIONS GÉNÉRALES.

La mécanique est la science du mouvement et de l'équilibre des corps. Elle est divisée en cinq sections ; savoir :

1° La *statique* qui traite de l'équilibre des corps solides ;

2° La *dynamique* qui traite du mouvement de ces mêmes corps ;

3° L'*hydrostatique* qui traite de l'équilibre des corps fluides ;

4° L'*hydrodinamique* qui s'occupe du mouvement de ces mêmes corps ;

5° Enfin l'*hydraulique* qui est l'art de conduire les eaux ;

Mais nous ne nous occuperons que des deux premières sections.

On appelle *force* ou *puissance* toute cause qui meut ou tend à mouvoir un corps.

On donne le nom de *résistance* à une force que l'on veut vaincre ou à laquelle il s'agit simplement de faire équilibre.

Un corps est en *équilibre*, lorsque deux forces égales et opposées agissent sur lui et se détruisent.

Il est en *mouvement* quand la puissance l'emporte sur la résistance. — Le mouvement peut être *uniforme*, *varié*, *accéléré*, *retardé*. Il sera uniforme, si des espaces égaux sont parcourus dans des temps égaux (exemp. : les aiguilles d'une montre); s'il en est autrement le mouvement sera varié. Le mouvement sera accéléré, si les espaces parcourus sont de plus en plus grands (exemple : un corps qui tombe verticalement). Le mouvement sera retardé, si les espaces parcourus sont de plus en plus petits (exemple : un corps qui s'élève verticalement).

La *vitesse* est le chemin que le corps décrit dans l'unité de temps, la seconde, par exemple.

La *gravité* ou *pesanteur* d'un corps est la force avec laquelle ce corps, abandonné à lui-même, s'approche de la terre. La direction qu'il suit dans sa chute se nomme la *verticale;* cette verticale est perpendiculaire à la surface de la terre.

La *masse* d'un corps est la quantité de matière que ce corps renferme ; il faut bien la distinguer du *volume* qui n'est autre chose que l'espace occupé par le corps lui-même. Si, par exemple, sous un même volume, un corps pèse 10 kilogrammes, et un autre 20, le second aura une masse double de celle du premier.

Le poids d'un corps est donc proportionnel à sa masse.

Un corps est *homogène*, quand le poids de chacune des parties infiniment petites dont il est composé est le même pour toutes. Ainsi, par exemple, si un centimètre cube d'un certain métal pèse 2 grammes, ce corps sera homogène, si tous les millimètres cubes qui le composent pèsent chacun $0^g,002$, c'est-à-dire 2 millièmes de gramme.

Un corps est *hétérogène* quand le poids de chacune des parties dont il est composé n'est pas le même pour toutes.

Le *centre de gravité* d'un corps est le point unique par lequel passe constamment la direction du poids de ce corps, quelle que soit sa position. — Lorsque ce point est soutenu le corps est en équilibre.

Le centre de gravité de tout corps homogène est à son centre de figure.

Dans un corps hétérogène la position du centre de gravité dépend de la répartition de la matière.

DES MACHINES

ET DE LEUR USAGE EN GÉNÉRAL.

On appelle *machine* tout instrument qui a pour but de transmettre l'action d'une force, simple ou composée, à un ou plusieurs corps.

L'objet des machines en général est de décomposer la résistance de manière à ce que son énergie soit supportée par un ou plusieurs points fixes ; de telle sorte que des forces très-inégales puissent se faire équilibre.

On distingue en mécanique deux sortes de machines : les *simples* et les *composées*.

DES MACHINES SIMPLES.

On compte sept machines simples, auxquelles on rapporte toutes celles qui sont composées. Ce sont : les *cordes*, le *levier*, la *poulie*, le *plan incliné*, le *treuil*, la *vis* et le *coin*.

DES CORDES.

Les cordes, que l'on pourrait presque appeler les machines des machines, sont très-souvent employées dans l'industrie, soit pour soulever ou tirer des fardeaux, soit pour transmettre des mouvemens de rotation d'un rouet à un autre.

L'emploi des cordes dans les machines, donne lieu à deux sortes de résistances : la résistance provenant de leur *raideur*, et celle provenant de leur *frottement* sur les corps autour desquels elles tournent.

La raideur est produite par la torsion, que l'on porte ordinairement à un tiers de la longueur primitive, mais qui devrait n'être que d'un quart et même d'un cinquième ; car l'expérience a prouvé qu'une corde tordue au tiers de sa longueur ne supportait qu'un poids de 210 myriagrammes, tandis que celle qui n'était tordue qu'au quart en supportait un de 257,44 myriagrammes.

La raideur des cordes étant d'autant plus grande que leur diamètre est plus long, il s'ensuit que la résistance provenant de cette seule raideur augmente avec la grosseur ou diamètre de celles-ci. Ainsi plus une corde sera grosse, plus les charges qu'elle pourra supporter seront fortes, mais aussi plus elle aura de peine à s'appliquer sur les corps cylindriques.

La résistance provenant du frottement diminue d'autant plus que le diamètre du cylindre autour duquel la corde tourne est plus grand. Ainsi, à égalité de grosseur de corde, celle qui tournera autour d'un gros cylindre sera susceptible de soulever un poids plus lourd, ou bien il faudra employer moins de force pour soulever un poids égal.

DU LEVIER.

Le levier est une tige non flexible, droite ou courbe, supposée ne pouvoir tourner autour d'un point d'appui : il y en a de trois espèces.

Pl. 28, fig. 1, 2. — Le levier est de la première espèce, si le point d'appui est placé entre la résistance et la puissance. Exemples : une pierre que l'on veut soulever, une balance, la romaine.

Fig. 3. — Le levier est de la deuxième espèce, quand la résistance est entre l'appui et la puissance. Exemples : un couteau de cartier, une broie (machine pour broyer le chanvre et le lin).

Fig. 4. — Enfin le levier est de la troisième espèce, quand la puissance est entre l'appui et la résistance. Exemples : un étau, des pincettes.

Pour qu'il y ait équilibre dans un levier, il faut que la puissance et la résistance soient entre elles en raison inverse des bras de levier.

Les bras du levier sont les droites menées du point d'appui aux points de ce levier, auxquels sont appliquées la puissance et la résistance.

DE LA POULIE.

Fig. 5. — La poulie est une roue dont la circonférence est creusée en *gorge* pour recevoir une corde et qui est traversée en son centre par un *axe* ou *essieu* dont les extrémités entrent dans les yeux d'une *chappe*.

Fig. 6. — La *mouffle* est un système de poulies attachées dans une même chappe, sur des axes particuliers ou sur un même axe.

Pour enlever des fardeaux au moyen de mouffles, on emploie une mouffle fixe et une mouffle mobile qui suporte le poids à soulever, puis on applique une force à l'extrémité d'une corde qui embrasse, tour à tour, les poulies.

La condition d'équilibre dans la poulie est que la puissance soit la moitié du poids à soulever.

Pour qu'il y ait équilibre dans l'emploi de la mouffle, il faut que la puissance soit égale à la résistance, divisée par le double du nombre de poulies ou encore par le nombre des cordons.

DU PLAN INCLINÉ.

Un plan incliné est celui qui n'est point perpendiculaire à la ligne que nous avons appelée la verticale ou direction de la gravité.

Fig. 7. — Il sert à transporter les fardeaux, avec une force moindre que leur poids, de l'endroit où ils sont placés à un endroit plus élevé.

Il sert également à descendre doucement et sans secousse, les fardeaux les plus lourds, au moyen d'une corde enroulée autour d'un treuil, ce qui, alors fait levier du premier genre. Exemple : un tonneau que l'on descend dans une cave.

Dans cet exemple, le tonneau est la puissance, le point d'appui est à l'enroulement de la corde autour du cylindre, et la résistance est l'effort que les hommes exercent pour retenir la corde. Cette résistance, que les hommes opposent à la descente du tonneau, est d'autant plus faible que le nombre des enroulemens autour du cylindre est plus considérable.

Quand on veut faire monter le tonneau, l'effort que les hommes exercent devient la puissance, et le tonneau devient la résistance.

Si un corps est retenu par frottement, sur un plan incliné, la résistance sera en raison inverse du poli et proportionnelle à la pression.

Si, malgré le frottement, le corps a besoin d'une autre force pour le soutenir, cette seconde force sera en raison composée directe du frottement et du poids.

DU TOUR, TREUIL OU CABESTAN.

Le tour, proprement dit, se compose d'un cylindre et d'une roue ayant même axe.

Pl. 29, fig. 1. — Quand au lieu de la roue on

emploie des leviers B implantés perpendiculairement à l'axe du cylindre A, c'est un cabestan.

Fig. 2. — Enfin cette machine prend le nom de treuil, quand les deux extrémités de l'axe du cylindre A sont recourbées à angle droit, en forme de manivelle B.

Le tour ou treuil est supporté par les extrémités de son axe engagées dans les tourillons d'un appui ; il diffère du cabestan, en ce que ce dernier est placé dans une position verticale.

La condition d'équilibre dans ces trois machines est celle-ci : la puissance doit être à la résistance comme le rayon du cylindre est au rayon de la roue ou à la longueur du levier à l'extrémité duquel agit la puissance.

DE LA VIS.

Fig. 3. — La vis est un cylindre droit A enveloppé d'un filet saillant uniforme, qui fait partout un même angle avec la génératrice du cylindre.

L'*écrou* B est une pièce dépendante de la vis ; il est sillonné intérieurement en creux, comme la vis l'est en relief, afin qu'il puisse s'emboîter. L'une de ces pièces doit être mobile, de manière à pouvoir ramper sur ou dans l'autre qui est fixe. Cet instrument sert à exercer des pressions. Il se manœuvre au moyen d'un levier.

Il faut remarquer dans la manœuvre d'une vis que l'effet est d'autant plus grand que la force F, qui est le levier, est appliquée loin de l'axe et que le pas de vis est moins haut.

Lorsqu'il y a équilibre dans la vis, la puissance est à la résistance dans le sens de l'axe, comme le pas de la vis est à la circonférence que tend à décrire la puissance.

DU COIN.

Fig. 4. — Le coin est un prisme triangulaire dont la face la plus petite se nomme la *tête* A, l'arête opposée à la tête en est le *tranchant* B. C'est par cette arête que le coin pénètre dans le corps que l'on veut diviser.

L'effet de la puissance qui agit sur la tête d'un coin est d'autant plus grand que les côtés du coin sont longs, et que la tête est petite.

DES MACHINES COMPOSÉES.

Les machines composées sont sans nombre, les plus connues sont la *roue dentée*, le *cric*, la *vis sans fin*, la *chèvre*, la *grue*, le *manège*, etc.

DES ROUES DENTÉES.

Une roue dentée est une roue fixée à un axe mobile. La circonférence de cette roue est armée de filets ou dents parallèles à l'axe. Ces dents sont destinées à s'engager dans celles d'une autre roue, pareillement construite, pour former ce qu'on nomme *engrenage*. Il résulte de cet engrenage que si l'une des deux roues est mise en mouvement, l'autre tourne en sens contraire.

Sur l'axe de chaque roue dentée on en place une autre faisant corps avec elle, mais d'un diamètre moindre : cette deuxième roue a reçu le nom de *pignon*, ses dents se nomment *aîles*, alors chaque roue dentée engrène avec le pignon suivant.

L'objet des roues dentées est, comme celui du treuil, de produire un effet considérable avec une petite force, tout en produisant un mouvement plus uniforme.

Le système de roues dentées s'emploie souvent

pour la grue ; machine destinée à enlever de grands fardeaux. Voici comment agit le système de roues dentées.

Pl. 3o, fig. 1. — En se rappelant ce qui a été dit du treuil, on comprendra que la force F, appliquée à la roue C se trouve augmentée suivant le rapport existant entre le diamètre de cette roue et celui de son pignon D. Au moyen de la grande roue B, cette force s'augmentera encore suivant le rapport du diamètre de cette roue B et de son pignon H. La roue A sera donc mise en mouvement par le produit de toutes ces forces, qu'on pourrait augmenter encore avec un plus grand nombre de roues.

Pour se faire des idées justes, exprimons ces rapports par des chiffres. Si le diamètre de la roue C est 100, et celui du pignon 10 ; le rapport étant 10, ce pignon aura une force dix fois plus grande que la puissance F qui l'a mise en mouvement ; il transmettra sa force à la roue B, qui, par hypothèse, a 15 pour rapport entre son diamètre et celui de son pignon. Si on multiplie ces deux rapports, on aura 150 pour produit, nombre qui exprime que la puissance F, déjà décuplée par le premier pignon, est devenue quinze fois plus grande encore, c'est-à-dire cent cinquante fois. En d'autres termes, un poids de 100 kilogrammes en souleverait un autre de 15000.

Il résulte de tout ce qui précède que la force ou puissance doit être au poids à soulever, comme le produit des rayons des pignons est au produit des rayons des roues.

DU CRIC.

Fig. 2. — Le cric est composé d'une barre de fer d'entée d'un côté et engrenant dans un pignon qu'on fait tourner au moyen d'une manivelle.

Ce système est logé dans une boîte A en bois, bien solide, percée à la face supérieure, d'un trou par lequel monte la barre dentée appelée *crémaillère*.

Pour que le poids soutenu par les extrémités G ou H ne puisse pas la faire redescendre en forçant le pignon à rétrograder, on dispose extérieurement sur la boîte une roue nommée d'*encliquetage* qui à chaque cran fixe le pignon.

DE LA VIS SANS FIN.

Fig. 3. — La vis sans fin est une vis dont l'axe peut être ou horizontal ou vertical. Dans son mouvement de rotation, qu'on lui communique d'une façon quelconque, elle fait mouvoir une roue dentée fixée à un axe cylindrique sur lequel s'enroule une corde soulevant un poids comme dans le treuil.

La condition d'équilibre dans ces deux machines (le cric et la vis sans fin), est que, la puissance doit être au poids à soulever, comme le produit du rayon du cylindre par le pas de vis, est au produit du rayon de la roue par la longueur de la circonférence que décrit la manivelle.

DE LA CHÈVRE.

Fig. 4. — La chèvre se compose de trois pièces de bois A, B, C (ces pièces de bois sont nommées les *pieds* de la chèvre) réunies par en haut au moyen d'un boulon en fer D passant par le milieu des trois pieds et leur faisant faire charnière. Deux de ces pieds A, B supportent, à une hauteur de 1^m,3o environ au-dessus du sol, un treuil E sur lequel s'enroule une corde qui passe par la gorge d'une poulie G, ou de plusieurs faisant moufle, suspendue à la voûte de la chèvre, et qui descend verticalement pour recevoir le poids à soulever F.

Les poulies, comme on le voit, ont pour objet de changer la puissance fournie par le treuil.

DE LA GRUE.

Fig. 5. — La grue qui est une espèce de chèvre, se compose d'une potence A, qui tourne sur un arbre vertical B. Le bout supérieur de cette potence porte le rouet C d'une poulie fixe; le bout inférieur porte l'arbre d'un treuil D qu'on met en mouvement d'une manière quelconque.

Indépendamment du mouvement ascensionnel que la grue communique aux fardeaux, elle jouit encore du mouvement de translation qu'on lui imprime en faisant tourner la potence sur son axe vertical, soit à bras, soit au moyen d'un système de roues dentées.

Comme on le voit, cette machine est surtout très-avantageuse pour charger et décharger des chariots, des navires, etc., etc.

DU MANÈGE.

Fig. 6. — Le manége est une machine toujours mise en mouvement par des forces vivantes, mais le plus souvent par un ou plusieurs chevaux. Il se compose d'un arbre vertical A, tournant sur son axe B. A $1^m.5o$ environ du sol est adapté perpendiculairement à cet arbre, un levier pourvu d'un harnais d'atelage C. Enfin, à l'extrémité de cet arbre se trouve une roue horizontale D, armée de dents verticales E parallèles à l'axe. L'objet de cette machine est de communiquer le mouvement à un second arbre F horizontal, tournant sur tourillons autour de son axe. A cet effet, on fixe sur le corps de cet arbre une roue appelée *lanterne* G, qui engrenant avec la roue horizontale du manége en reçoit le mouvement.

Cette lanterne est un cylindre à jour qui a pour axe l'arbre même, et dont les deux bases sont réunies par des petits cylindres en bois ou en fer, nommés *fuseaux* II, et dont le diamètre et l'écartement sont calculés de manière à engrener juste avec les dents de la roue du manége.

ORNEMENT.

Le dessin de l'ornement est comme la transition entre le dessin linéaire et le dessin d'imitation.

Il emprunte de l'un, la symétrie, l'équilibre et la précision géométrale ; il tient de l'autre, la variété capricieuse des formes et les grâces naïves de la nature vivante.

Pour faire une heureuse application de l'ornement dans les différens arts, l'élève doit ; 1° en tous lieux et à chaque instant puiser ses modèles dans la nature ; 2° se déterminer dans son choix, par la destination et le caractère bien compris de l'objet à orner ; 3° enfin subordonner l'ajustement de ses conceptions à cette simplicité, cette finesse, cette pureté de goût et de formes qui ne se définit point, mais que donne en général l'étude des arts, des sciences, et en particulier l'observation réfléchie de la nature, ainsi que la comparaison intelligente des ouvrages de l'antiquité.

EXPLICATION DES PLANCHES.

Planche 31. — Six rosaces.

Planche 32. — Feuilles d'acanthe, palmettes, ornement appelé *culot*.

Planche 33. — Têtes de lion, de bœuf et frise.

Planche 34. — Table antique et instrumens découverts à Herculanum.

Planche 35. — Griffons et vases au milieu de la frise.

Planche 36. — Meubles antiques et modernes.

Planche 37. — Trophés militaires.

Planche 38. — Candelabres grecs, lampe, bénitier égyptien.

Planche 39. — Vases étrusques, grecs et romains.

Planche 40. — Vases de la renaissance, dessinés d'après M. Chenavard.

Ici finirait notre tâche, si nous n'avions écrit que pour donner aux élèves des notions élémentaires du dessin linéaire : notre but a été de les amener par une progression insensible au dessin d'imitation. Nous offrirons donc aux jeunes élèves une suite de 20 planches d'études élémentaires, de feuilles d'arbres, de paysages, de fleurs, et de figures humaines, toutes dessinées d'après les grands maîtres.

Ces élémens seront accompagnés d'un texte explicatif, abrégé et clair, des méthodes les plus expéditives, fruits de l'expérience, à l'aide desquelles l'élève arrivera au but que nous nous sommes proposé en publiant cet ouvrage : celui de développer l'intelligence d'une jeunesse qui sent que l'instruction est la route la plus certaine pour arriver à la fortune, dont notre siècle de civilisation récompense et encourage les talens.

FIN.

www.ingramcontent.com/pod-product-compliance
Ingram Content Group UK Ltd.
Pitfield, Milton Keynes, MK11 3LW, UK
UKHW031813170726
13836UKWH00003B/1369